# BEI GRIN MACHT SICH IHR WISSEN BEZAHLT

- Wir veröffentlichen Ihre Hausarbeit,
  Bachelor- und Masterarbeit

- Ihr eigenes eBook und Buch -
  weltweit in allen wichtigen Shops

- Verdienen Sie an jedem Verkauf

Jetzt bei www.GRIN.com hochladen
und kostenlos publizieren

Marco Herrmann

# Desertifikation und Dürrekatastrophen am Südrand der Sahara

GRIN Verlag

**Bibliografische Information der Deutschen Nationalbibliothek:**

Die Deutsche Bibliothek verzeichnet diese Publikation in der Deutschen National-
bibliografie; detaillierte bibliografische Daten sind im Internet über http://dnb.d-
nb.de/ abrufbar.



**Impressum:**

Copyright © 2007 GRIN Verlag GmbH
Druck und Bindung: Books on Demand GmbH, Norderstedt Germany
ISBN: 978-3-640-24847-6

**Dieses Buch bei GRIN:**

http://www.grin.com/de/e-book/120218/desertifikation-und-duerrekatastrophen-
am-suedrand-der-sahara

Universität Leipzig

Fakultät für Physik und Geowissenschaften

Institut für Geographie

# Desertifikation

# und

# Dürrekatastrophen

# am Südrand der Sahara

### Hausarbeit im Rahmen des Oberseminars:
### „Naturkatastrophen"

Eingereicht von: MARCO HERRMANN

Abgabe: 26.11.2007

Seite

1.  Einleitung ........................................................................................4

2.  Was bedeutet Dürre? ........................................................................5

3.  Was bedeutet Desertifikation? .............................................................6

4.  Dürre und Desertifikation im Wechselspiel................................................10

5.  Das Beispiel Sahelzone.....................................................................12

    5.1       Geographische Einordnung des Sahel.................................................12

    5.2       Das Klima im Sahel.................................................................13

    5.3       Die Vegetation im Sahel............................................................17

    5.4       Ursachen und Folgen von Dürre und Desertifikation im Sahel....................18

           5.4.1    Ursachen.....................................................................19

                       5.4.1.1 Klimatisch/Natürlich bedingte Ursachen..........................19

                     5.4.1.2 Ackerbaulich bedingte Ursachen .............................20

                     5.4.1.3 Viehhaltungsbedingte Ursachen .............................20

                     5.4.1.4 Siedlungs-/ Bevölkerungsbedingte Ursachen....................21

           5.4.2    Folgen........................................................................21

6.  Rückkopplungsprozesse.....................................................................22

7.  Mögliche Gegenmaßnahmen....................................................................24

8.  Fazit............................................................................................26

9.  Literatur.......................................................................................27

**Abbildungen**


Abb. 1:  Vorrangig klimabedingte Konflikt- und Gefährdungspotentiale

Abb. 2:  Schematische Darstellung des Desertifikationsprozesses

Abb. 3:  Gerüst zum Verständnis der Bedeutung und des Zusammenhangs von      Dürre, Austrocknung, und Desertifikation

Abb. 4:  Verschiedene Phasen der ökologischen Degradation im Sahel (Bsp.: West Butana, Republik Sudan)

Abb. 5:  Luftdruckkonturen der über der Sahara und angrenzenden Regionen im Januar und Juni. Durchschnittliche saisonale Trends der Oberflächenwinde sind mit Pfeilen gekennzeichnet

Abb. 6:  Innertropische Konvergenzzone (ITCZ) und Hadleyzellen

Abb. 7:  Abweichungen (in mm) der Niederschläge im Sahel pro Jahr von 1900–2000, vom langjährigen Mittelwert

Abb. 8:  Desertifikationsgefährdung in Afrika

# 1. Einleitung

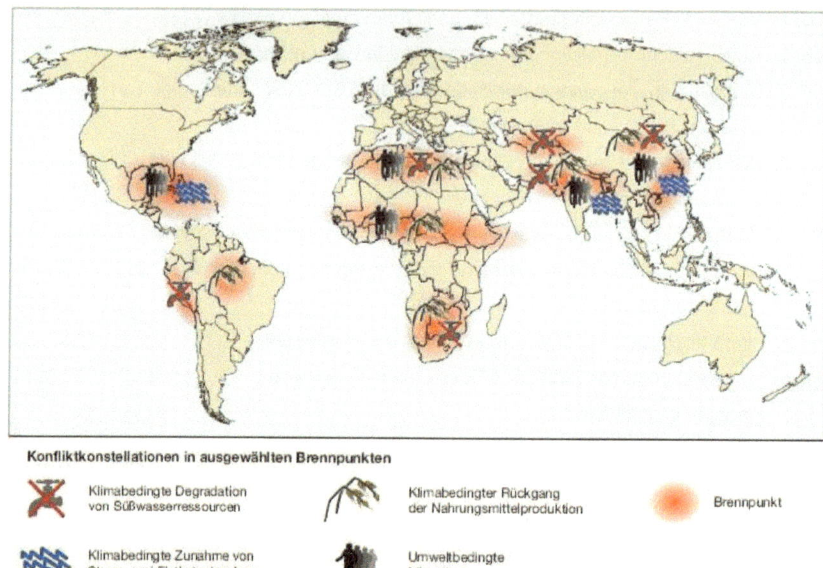



Abb. 1:  Vorrangig klimabedingte Konflikt- und Gefährdungspotentiale
(http://www.wbgu.de/wbgu_jg2007_kurz.html; 12.10.2007).

Acht von zwölf großen Trockenperioden der letzten 400 Jahre lagen im 20. Jahrhundert (STÜBEN; THURN, 1991).

„Die letzte rezente Dürre-Periode in der Sahelzone hat etwa um 1970 begonnen, umfasst somit bisher mehr als zwei Jahrzehnte und einen rund 400 km breiten Landstreifen (SCHÖNWIESE 1994: 60)."

„Dürren sind Naturkatastrophen von besonders hohem Schadenspotential, speziell im Zusammenhang mit Hungerkrisen (BOHLE ET.AL., 2001: 191)." Dürren sind Naturkatastrophen von beträchtlicher Komplexität, da sie sich langfristig an der Schnittstelle zwischen fragilen Ökosystemen und verwundbaren Gesellschaftssystemen befinden (BOHLE ET.AL., 2001: 191). Diese, wenn auch zum Teil etwas unscharfen, Aussagen verdeutlichen zusammen mit Abbildung 1, den Umfang und die Bedeutung des Problems der Dürre und Desertifikation am Südrand der Sahara – dem Sahel. Allein 1973 starben 100000 Menschen im Sahel, 1974 waren im Niger 200000 Menschen von Hunger betroffen (ALEXANDER 1993: 151). In solchen fragilen, ariden Ökosystemen herrschen nur saisonale und stark limitierte Wasserressourcen (Oberflächenwasser) vor. Die Pflanzendecke reduziert sich konsequent mit dem periodischen Auftreten von Dürreereignissen und die Böden, welche meist nur geringen Anteil organischen Materials besitzen sind nur schwach entwickelt (KASSAS; 1995). Mit der Vergrößerung der landwirtschaftlichen Nutzflächen vergrößern sich zwar die Ernteerträge insgesamt, aber die Ernteerträge pro Hektar sinken und das Bevölkerungswachstum überflügelt mittlerweile die Nahrungsmittelproduktion bei weitem (ALEXANDER 1993: 152).

## 2.    Was bedeutet Dürre

Dürren gehören in den Randgebieten der Wüsten, Steppen und Savannen, d.h. in semiariden Gebieten, zum normalen Klimageschehen vor allem bedingt durch hohe Niederschlagsvariabilität in dieser Region (LAMPING, 1995: 190; BOHLE, 2001: 191; STÜBEN & THURN, 1991).

Eine besondere Problematik stellen Dürren dar, weil sie sich über Monate bis Jahre entwickeln(BOHLE ET.AL., 2001: 191). Es ist daher notwendig zwischen Dürre als -relativ- kurzzeitigem Phänomen und einer langfristigen Aridifizierung zu unterscheiden (AGNEW, & CHAPPELL, 1999). Jedoch ist es schwierig in einem Gebiet, wo die Niederschläge immer niedrig sind, eine Dürre zu klassifizieren (AGNEW, & CHAPPELL, 1999). Prinzipiell besteht bei der Definition von Dürre eine gewisse Uneinigkeit. An dieser Stelle sollen einige, wenn auch oft recht unscharfe und zum Teil auch etwas widersprüchliche Definitionen dazu benannt werden. Nach AGNEW (2002), bzw. AGNEW, & CHAPPELL, (1999) bedeutet Dürre unterdurchschnittliche Wasserversorgung über kurze Perioden von 1 bis 2 Jahren, aufgrund der Verringerung der Niederschläge als Primäreigenschaft einer Dürre. Dagegen meinen BOHLE ET.AL. (2001: 191): ein Jahr unterdurchschnittlicher Niederschlag ist Trockenheit - mehrere Jahre sind Dürre. Auch für STÜBEN & THURN (1991) heißt Dürre ein über mehrere Jahre hinweg geringerer Niederschlag als im Mittel. Eine deutlich klarere Definition liefert LAMPING, (1995: 190f.): „Dürre bezeichnet außergewöhnliche Trockenheit ausgelöst durch Niederschlagsdefizit, hohe Temperaturen und hohe Verdunstungsraten in einer Region, wo der Wasserhausalt normalerweise landwirtschaftliche Nutzung – oder überhaupt Vegetation – möglich macht." Dürre entsteht durch eine Häufung unterdurchschnittlicher Verfügbarkeit natürlichen Wassers. „Unterdurchschnittlich" hat in diesem Zusammenhang zwei Bedeutungen. Zum einen den rein physischen Aspekt, nach dem die Niederschläge unter einem langjährig gemessenen Mittelwert liegen. Und zum anderen den gesellschaftlichen Aspekt, wonach die Niederschläge unter einer erwarteten Menge liegen, welche genügen würde um die Bedürfnissen der Landwirtschaft, der Viehzucht und der Haushalte zu befriedigen (KASSAS; 1995). Wenn die Wasserbilanz den erwarteten saisonalen Wert um ca. 30% über mindestens 3 Wochen unterschreitet kann das als Faustregel für eine mögliche

Dürre gelten. Die Gleichung dafür lautet: Verfügbare Feuchtigkeit = Niederschlag −
Evapotanspiration − Abfluss +/- Versickerung und unterirdische Speicherung (ALEXANDER
1993: 145f.).

Es werden hier agrarische, physiologische und meteorologische Dürre unterschieden.
Agrarische Dürre bedeutet hier einen Mangel an effektivem, d.h. pflanzenverfügbarem
Regen, welcher zu Ernteeinbußen führt. Physiologische Dürre beschreibt die Situation von
Pflanzen auf bewässerten, jedoch schlecht drainierten Flächen, wodurch sich, z.B. Salze
anreichern und damit das Wasser nur noch schwer osmotisch aufgenommen werden kann
(MIDDLETON 1991: 18f.). Meteorologische Dürre meint daher hauptsächlich
unterdurchschnittliche Niederschläge im Jahr (AGNEW, & CHAPPELL, 1999). ALEXANDER (1993:
145f.) unterscheidet zusätzlich noch zwischen Niederschlagsdürre (fehlender Regen),
Abflussdürre (fehlender Abfluss) und Aqiferdürre (fehlendes Grundwasser).
Wasserknappheit folgt auf mehrjährige Niederschlagsunterversorgung gemessen am
langjährigen Mittelwert (LAMPING, 1995: 190ff.). Daraus resultieren wiederum Ernteausfälle
und damit Hungerkatastrophen, vor allem in Entwicklungsländern (ALEXANDER 1993: 149;
BOHLE ET.AL., 2001: 191). Demnach führen natürliche Dürren erst zu menschlichen
Katastrophen, wenn sie sich in fragilen Ökosystemen ereignen und auf verwundbare
Wirtschafts- und Gesellschaftssysteme mit geringer Dürreresistenz treffen (BOHLE, 2001:
191).

Eine hohe Albedo wird z.B. als Indikator für Dürrebedingungen gesehen, denn
Dürrebedingungen mit toter Vegetation und freier Oberfläche zeigen erhöhte Reflektivität.
Wohingegen Feuchtbedingungen und dichte Vegetation eher zu geringerer Albedo tendieren
(ALEXANDER 1993: 147). Dieser Zusammenhang wird im Kapitel Rückkopplungsprozesse
noch genauer betrachtet.

## 3.    Was bedeutet Desertifikation?

Auch dieser Begriff ist nur selten eindeutig definiert und scharf abgegrenzt, so dass die
Erläuterung einer gewissen Auswahl sinnvoll erscheint. MIDDLETON (1991: 7) gebraucht eine
sehr vorsichtige Definition von Desertifikation, nach der diese in ihrer am wenigsten
vieldeutigen Form die Vorstellung ist, dass die Ausdehnung von Wüsten - trockenen
Gebieten mit wenigen Pflanzen - zunimmt, für gewöhnlich in semiariden Bereichen.
Wesentlich klarere Worte finden STÜBEN & THURN (1991), wonach Desertifikation eine
schwerwiegende ökologische Degradation in semiariden und subhumiden Klimazonen durch
menschliche Tätigkeiten ist.

„Desertifikation ist die Degradierung des Landes in ariden, semiariden und trockenen subhumiden Gebieten aufgrund verschiedener Faktoren unter Einschluss von Klimaänderungen und menschlicher Aktivität (BRECKLE ET.AL., 2006)." Das heißt Desertifikation führt in klimatisch trockeneren Gebieten der Erde persistent zur substantiellen Abnahme der biologischen sowie edaphischen Produktivität des Systems, also einer verminderten oder eingeschränkten Funktionalität (AGNEW (2002) & BRECKLE ET.AL., 2006). Dabei können anthropogene und klimatische Faktoren immer nur schwer voneinander getrennt werden (BRECKLE ET.AL., 2006). HAMMER (2001) hingegen benennt ein Missmanagement in der Ressourcennutzung, so Fehlnutzung von Wasser, Boden oder der Vegetation als auslösenden Faktor dafür. Mit sich verschlechternden Bedingungen wächst der menschliche Druck auf die Ressourcen. Zum Überleben unter solch schwierigen Bedingungen werden fragile Ressourcen und marginale Gebiete zur Nutzung herangezogen und damit einer Degradation ausgesetzt. Somit ist die Desertifikation ein Selbstverstärkungsprozess (HAMMER, 2001). Degradationsformen sind biologische, chemische (Bodenqualität) und physische (Erosion) Degradation, die bis hin zur irreversiblen Schädigung der Ressourcen führen können (HAMMER, 2001). Wobei STÜBEN & THURN (1991) Desertifikation grundsätzlich für irreversibel halten. Zusammengefasst lässt sich somit sagen, dass Desertifikation eine Kombination aus Dürregefährdung und übermäßigem Nutzungsdruck ist, welcher inhärent fragile System so schwer schädigt, dass es nur über natürliche Prozesse allein, nicht wieder regeneriert werden kann (KASSAS; 1995). Dazu ist die Bedeutung eines Kriteriums der Desertifikation abhängig von der Nutzung des jeweiligen Areals. Klimatische Anomalien oder eine Klimaänderung können die Desertifikation zwar verstärken, sind aber nicht ursächlich verantwortlich (HAMMER, 2001). So ist der Hauptfaktor auf Weideland die Zerstörung der Vegetationsbedeckung, auf Regenfeldbaugebieten die Bodenerosion und auf bewässertem Land die Versalzung (MIDDLETON 1991: 12). Dieser Wirkkomplex ist schematisch in Abbildung 2 dargestellt.

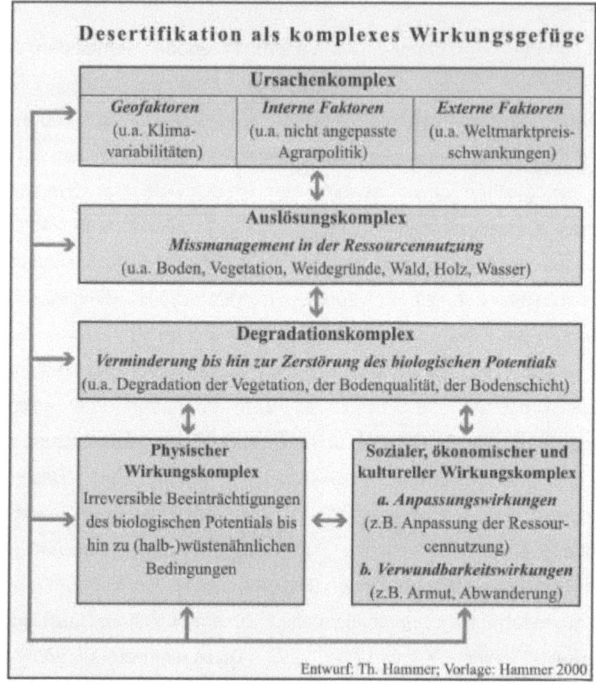


Abb. 2: Schematische Darstellung des Desertifikationsprozesses
(HAMMER, 2001).

Der Rückgang der natürlichen Vegetation und der Wandel zu einer Wüstenartigen Zusammensetzung kann als primärer Indikator für Desertifikation angesehen werden (MENSCHING; 1993).

Im Zusammenhang mit Desertifikation benennt MENSCHING 1990: 16ff. & MENSCHING 1991 eine Vielzahl vegetativer, hydrologischer, pedologischer und morphodynamischer Indikatoren/ Auswirkungen.

Vegetative:
Die Vegetationsdecke im Weideland wird aufgrund von Überweidung flecken– bis flächenhaft deutlich degradiert bis hin zur völligen Zerstörung. Es entstehen temporär oder irreversibel auftretende Freiflächen, was den Verlust Regenerationsfähigkeit zeigt. Ebenso verändert sich die Artenzusammensetzung, wobei trockenheitsresistentere, nicht fressbare Pflanzen zunehmen. Bei Gräsern nimmt der Anteil mehrjähriger zugunsten annueller ab.

Hydrologische:

Die verringerte Vegetationsbedeckung bewirkt eine höhere Verdunstung und damit eine Aridifizierung der Böden. Wegen erhöhter Verdunstung ist nicht mehr ausreichend Wasser für die Pflanzen verfügbar, was letztendlich eine erhebliche Beschränkung der Regenerationsfähigkeit bedeutet. Verringerte Abflusshäufigkeit und Abflussmengen führen in Trockengebietstälern zu ungleichmäßigererem Abfluss.

Hinzu kommen eine Versandung („Dünenblockade") kleinerer Abflusssysteme und damit ausbleibende Fluten in kleineren „Binnendeltas". Die Absenkung der Grundwasserschichten wird bei Regenfällen nicht mehr ausgeglichen womit sich gleichzeitig Trinkwasservorräte verringern.


Pedologische:

In Gebieten feinkörnigerer Substrate vollzieht sich eine Verhärtung und Verkrustung („Aridifizierung") der Böden, was geringere Infiltration und erhöhten Oberflächenabfluss und damit steigende Bodenerosion bewirkt. In Sandgebieten wird zusätzlich die Winderosion verstärkt und mit Bodenverlagerungen bis zur Dünenbildung setzt ein Nährstoffrückgang ein. Für Bewässerungsgebiete kommt oft eine Versalzung der Böden hinzu.


Morphodynamische:

Äolische Komponenten sind hier: Eine Intensive Deflation findet auf kahlen, ausgetrockneten sandigen Substraten statt - besonders auf agrarisch genutzten Flächen, weil dort der Boden zusätzlich aufgelockert wird und damit die oberen Bodenschichten noch leichter erodiert werden können. Altdünengebiete werden vor allem wieder mobilisiert, nachdem die fixierende Vegetation abgeweidet wurde. Jüngere Dünen wandern in, noch ökologisch intakte Savannen- und Anbaugebiete und gefährden Oasen, Brunnen und Kulturland. Sie blockieren Wadisysteme und verhindern die Wasserzufuhr zu den relativ fruchtbaren Böden im Unterlaufbereich, welche somit entwertet werden. Hoher Staubgehalt und häufige Staubstürme zeigen starke Deflationsprozesse an.


Fluvial Komponenten sind hier: Die zunehmende Intensität der Abflussereignisse an der Oberfläche, d.h. kurzzeitiger, sehr hoher Abfluss mit hohem Sedimenttransport, weil extrem ausgetrocknete Bodenoberschichten einen sehr stark ausgeprägten Benetzungswiderstand entwickeln. Dies führt zu Gullybildung und Flächenspülungen mit Abtragungen von bis zu mehreren Dezimetern in nur wenigen Jahren. Nachzuweisen ist dies an Baumvegetation deren Wurzeln freigelegt sind oder die auf Sockeln stehen, welche die ehemalige Geländeoberfläche                                                                                  anzeigen.

Letztendlich lässt sich aus der den genannten Fakten die nachstehende Folgekette der Desertifikation ableiten:

1. Degradation des Bodens – die oberen, fruchtbaren Bodenschichten werden verstärkt abgespült und trocknen aufgrund höherer Evaporation leichter aus.

2. Obere, dichtere Bodenschicht reißen auf („cracking soils").

3. Eine generelle Verringerung des Bodenwasserhaushalts; oft sogar absinken der oberen Grundwasserschichten, weil die Infiltrationsrate des natürlichen Niederschlags vermindert wird.

4. Die Böden in bewässerten Anbaugebieten versalzen wegen höherer Evaporation   und Konzentration von Süßwassersalzen dadurch müssen dann immer wieder       Felder aufgegeben werden (MENSCHING, 1991).


## 4.    Dürre und Desertifikation im Wechselspiel

Dürre und Desertifikation hängen eng zusammen und verstärken sich gegenseitig (LAMPING, 1995: 190ff.). Abbildung 3 stellt die Zuordnung der Begriffe Dürre, Austrocknung und Desertifikation zum Klima und zur Nutzung sowie deren zeiträumlichen Natur dar nach AGNEW (2002) dar.

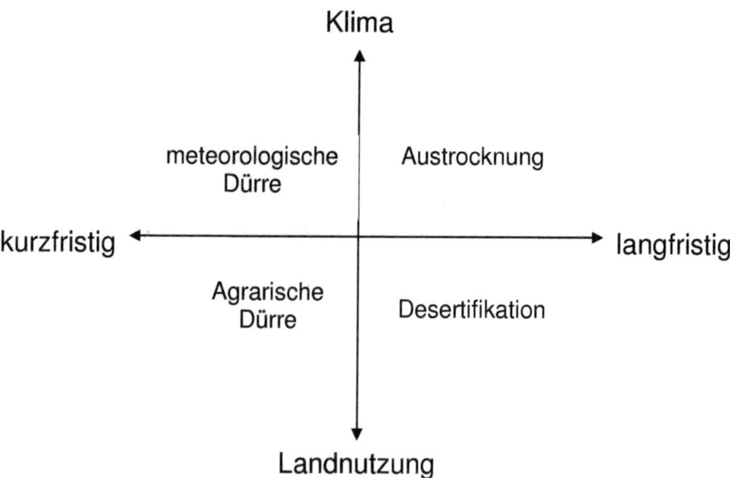


Abb. 3:  Gerüst zum Verständnis der Bedeutung und des Zusammenhangs von       Dürre, Austrocknung, und Desertifikation (nach AGNEW; 2002).

Austrocknung ist der Prozess, einer über Dekaden andauernden Aridisierung (nach AGNEW; 2002). Klimatische Anomalien oder eine Klimaänderung können die Desertifikation zwar verstärken, sind aber nicht ursächlich verantwortlich (HAMMER, 2001). Demzufolge sind Dürregefährdete, kritische Regionen vor allem Räume die von Desertifikationsprozessen betroffen sind (BOHLE, 2001: 193). Im Gegenteil dazu meint MENSCHING (1990: 54ff.; 1991), dass beispielsweise Fluviale und äolische Erosionsprozesse die natürlich sind lediglich durch menschliche Eingriffe ins Ökosystem beschleunigt werden. Genauso nach AKHTAR, ET.AL. (1995) bilden Dürren die Grundlage und verstärken für gewöhnlich nur die Effekte anthropogener Desertifikation. Klimatische Ursachen der Desertifikation treten besonders in Dürrejahren in den Vordergrund (MENSCHING 1990: 28ff.).

In Abbildung 4 sind drei Ausschnitte aus verschiedenen Phasen einer ökologischen Degradation   dargestellt.

Abb. 4:   Verschiedene Phasen der ökologischen Degradation im Sahel (Bsp.: West Butana, Republik Sudan); (AKHTAR, M. 1995).

Zu erkennen ist das Absterben der Grasdecke sowie wurzelnder Buschvegetation infolge von Überweidung bis hin zur teilweise vollständigen Vernichtung der Pflanzendecke. Weiterhin ist die daraus resultierende, verstärkte Ausblasung feiner Bodenbestandteile an den beiden schematischen Bodenprofilen erkennbar. Großflächige Rodungen, insbesondere von Dornbusch- und Dornbaumsavannen sowie die Austrocknung mit Aufreißen (cracking) insbesondere von Tonböden sind nicht mit dargestellt (MENSCHING 1990: 54ff.).

## 5.    Das Beispiel Sahelzone

Im Sahel zeigt sich deutlich die Verbindung zwischen klimatischen Veränderungen und Desertifikation. Mit den großen Dürren zwischen 1969 und 1973 im Sahel erlangte die Desertifikation erstmals weltweite Aufmerksamkeit (BRECKLE ET.AL., 2006). Dürren gab es schon immer aber die Bevölkerung war durch nomadische Lebensweise angepasst. Später wuchsen die Herden und durch einige Jahre mit hohen Niederschlägen ermutigt, drangen sesshafte Hirsebauern in Altdünengebiete vor. Es erfolgte eine Grundwasserüberbeanspruchung besonders in diesem Bereich. Ab 1970 gingen die Niederschläge zurück, jedoch die Hirsebauern konnten nicht in ihre früheren Siedlungsräume zurück, weil sie mittlerweile von anderen Bevölkerungsgruppen belegt waren, daher wurden die Ackerflächen ausgedehnt womit wiederum die Desertifikation verstärkt wurde (LAMPING, 1995: 193ff.). Allgemein wird bei den vier großen Dürren in der Sahelzone: 1910 – 14, 1944 – 1949, 1969 -74 und 1981-85, von Dürrekatastrophen gesprochen (BOHLE ET.AL., 2001: 191 & STÜBEN; THURN, 1991). LAMPING (1995: 193ff.) benennt noch zwei weitere schlimme Dürrekatastrophen in den Jahren 1923- 26, 1931- 34, wobei insbesondere letztere nur schwer nachzuvollziehen ist.

## 5.1    Geographische Einordnung des Sahel

Die Sahelzone erstreckt sich am Südrand der Sahara als Streifen mit  ca. 6000 km Ost – West – Ausdehnung, vom Atlantik bis zum Roten Meer und ca. 400 km  Nord – Süd – Ausdehnung zwischen 13°und 17°N (A LEXANDER 1993: 150; BRECKLE ET.AL., 2006; LAMPING, 1995: 193ff.). Dort ist sie eine der dürreanfälligsten Regionen der Erde mit ca. 2,5 Mio km² Fläche und  somit geradezu „prädestiniert" für Dürrekatastrophen. Darin leben etwa 40 Millionen Menschen, was, insbesondere vor dem Hintergrund weit verbreiteter Subsistenzwirtschaft, eine relativ hohe Bevölkerungsdichte für eine Region solch geringer ökologischer Tragfähigkeit bedeutet. Durchschnittliche Niederschläge, die sehr unregelmäßig fallen liegen bei 100 – 500 mm pro Jahr während einer kurzen sommerlichen Regenzeit zwischen Juli und September. Die  Jahresmitteltemperatur beträgt 28 – 30°C (ALEXANDER 1993: 150 & LAMPING, 1995: 193ff.).

## 5.2    Das Klima im Sahel

Trockengebiete haben ihre größte Ausdehnung in sub- und randtropischen Hochdruckgebieten, den Zirkulationszonen der trockenen Passatwinde (LAMPING, 1995: 190ff.). Der subtropische Hochdruckgürtel befindet sich zwischen 25° - 35° Breite und manifestiert sich beispielsweise in dem für das Klima im Sahel bedeutenden Azorenhoch (s. Abb.5) (HÄCKEL, 2005: 300). Der Sahel ist Grenzraum zwischen saharischem Trockenklima und randtropischer Dornbuschsavanne mit kurzer, sommerlicher Regenzeit (MENSCHING, 1981). So hat die Sahelzone hat einen besonders ausgeprägten Niederschlagsgradienten, wobei sich in Nord – Süd – Richtung der mittlere Jahresniederschlag auf nur ca. 750 km um über 1000 mm ändert (KUNSTMANN, 2007).

Das Klima im Sahel wird bestimmt von den beiden Hochdruckzonen des Azorenhochs und des Saharahochs sowie der innertropischen Konvergenzzone ITCZ. In den Wintermonaten ist das Azorenhoch schwächer und die ITCZ ist an ihrer südlichsten Position. So weht ein intensiver, heißer und trockener Wind von der Sahara her aus Nordosten in Richtung Westafrika. In den Sommermonaten kehrt sich dieses System um und mit der nördlichsten Ausdehnung der ITCZ wird auch der Westen Afrikas von südwestlichen Monsunwinden erreicht, was saisonalen Regen mit sich bringt (s. Abb.5); (MIDDLETON 1991: 28; HÄCKEL, 2005: 300ff.; SCHÖNWIESE 1994: 183ff.).

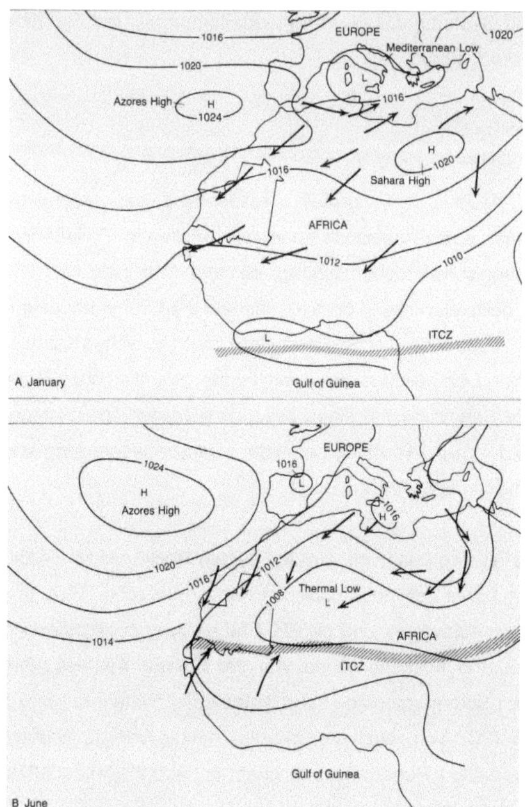


Abb. 5:   Luftdruckkonturen der über der Sahara und angrenzenden Regionen im Januar und Juni. Durchschnittliche saisonale Trends der Oberflächenwinde sind mit Pfeilen gekennzeichnet (MIDDLETON 1991: 29).

Den Antrieb für die ITCZ bilden die so genannten Hadley-Zellen. Dabei steigen wärmere Luftmassen in jeweils nördlicher und südlicher Äquatornähe auf und zeihen somit weitere Luftmassen in der unteren Troposphäre nach sich.  Bei einer geographischen Breite von etwa 30° sinken die, in der höheren Atmosphäre abge kühlten, Luftmassen wieder ab und leisten den Bodennahen Luftmassen einen gewissen Vorschub gen Äquator womit sich der Kreislauf schließt. Im Zusammenhang mit der Corioliskraft entstehen so auch die persistent wehenden Passatwinde (SCHÖNWIESE 1994: 183ff.). Für den Sahel ist entsprechend der Lage der innertropischen Konvergenzzone auf dem Afrikanischen Kontinent der Nordost-Passat von Bedeutung, insbesondere für das Zubringen der heißen, trockenen Luftmassen über die Sahara im Winterhalbjahr (s. Abb.6).

- 14 -

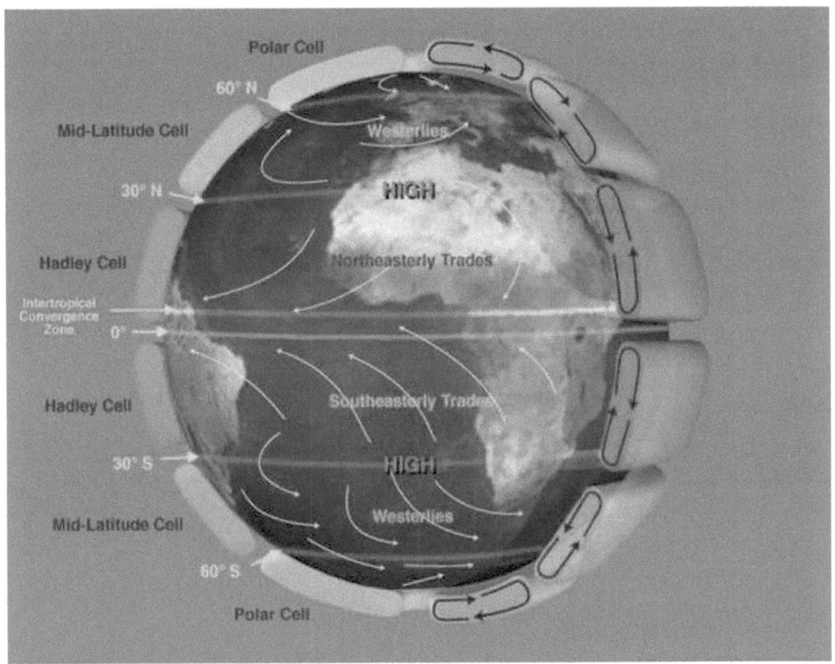


Abb. 6: Innertropische Konvergenzzone (ITCZ) und Hadleyzellen
(http://sealevel.jpl.nasa.gov/overview/images/6-cell-model.jpg; 24.11.2007)

Niederschläge im Sahel haben eine mittlere Abweichung von 25 – 30% vom Mittelwert, in Dürrejahren sogar über 50% (MENSCHING, 1981). Die extreme Niederschlagsabnahme im Sahel seit Ende der 1960er Jahre ist im 20.Jh. weltweit einmalig. Von 1970-1990 haben die mittleren Jahresniederschläge um 20 – 49% gegenüber 1931 – 1960 abgenommen. Seit 1990 fällt zwar wieder etwas mehr Niederschlag (1994 war das feuchteste Jahr im Sahel seit den 1960er Jahren (AGNEW, & CHAPPELL, 1999)), ein neuer Trend zeichnet sich jedoch nicht ab (KUNSTMANN, 2007). Unklar bleibt an dieser Stelle der Wert des Jahres 2000. Die Entwicklung der jährlichen Niederschläge im letzten Jahrhundert stellt sich im Sahel insgesamt deutlich anders dar als z.B. in Ostafrika oder Südwestafrika. Zwischen etwa 1918 und 1965 zeigt sich eine deutliche Zunahme der jährlichen Niederschläge, wohingegen die Schwankungen in anderen Regionen wesentlich geringer und kurzzeitiger ausfielen (s. Abb.7); (ADAMS ET. AL. 2003: 96).

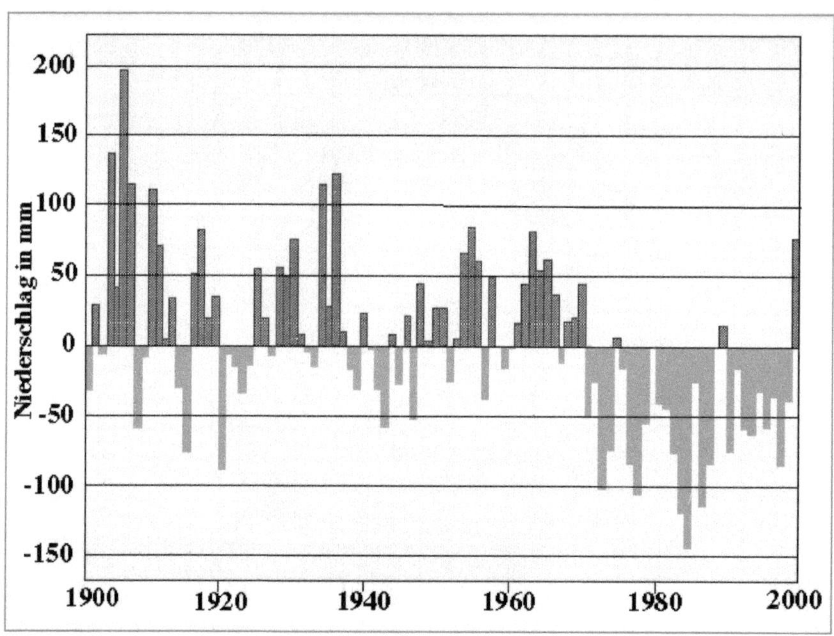


Abb. 7: Abweichungen (in mm) der Niederschläge im Sahel pro Jahr von 1900–2000, vom langjährigen Mittelwert (http://www.hamburger-bildungsserver.de/klima/klimafolgen/extreme/ extreme-140a.gif; 24.11.2007).

Das Klima im Sahel wird innerhalb der innertropischen Konvergenzzone von einer 3-Monatigen Regenzeit während des Sonnenhöchststandes charakterisiert (BRECKLE ET.AL., 2006). Wichtig ist jedoch auch die Niederschlagsverteilung in der Regenzeit selbst, weil die Ernteergebnisse von den so genannten „nützlichen" Niederschlägen viel mehr abhängen als von der Gesamtsumme (MENSCHING, 1981). Im Untersuchungsgebiet fallen 99% des Regens zwischen Mai und September und dabei 65% im August. Niederschläge sind auch im Sahel keineswegs homogen verteilt, besonders nicht zwischen den Rand-Sahel Gebieten und dem kontinentalen Sahel. Deshalb sollten statistische Bewertungen von Niederschlägen immer für kleine Gebiete mit mindestens 30 jähriger Datenbasis gemacht werden. Somit können für zwei Vergleichszeiträume wie 1931-1960 und 1961-1990 nicht die gleichen statistischen Indizes angenommen werden (AGNEW, & CHAPPELL, 1999). Unter einer solchen Maßgabe wurden die zwei Zeitreihen 1991-2000 und 2030-2039 auf Basis des Klimamodells ECHAM4 und des Emissionsszenarios IS92a mit dem regionalen Modell MM5 für das Voltabecken herunterskaliert, was einen Anstieg der Jahresmitteltemperatur von 1,7℃ im Sahelbereich ergab. Für den Niederschlag konnte ein Anstieg des Gesamtniederschlags um ca. 5%

festgestellt werden. Im April, dem Übergang von Trocken- zu Regenzeit, wird jedoch eine Niederschlagsverminderung um 20 – 70% erwartet, was einen verspäteten Beginn der Regenzeit bedeutet und die Erhöhung der Vulnerabilität der Landwirtschaft zur Folge hätte (KUNSTMANN 2007). Bei einer klimatischen Änderung muss zudem die Definition der Dürre als Anomalie an neue klimatische Bedingungen angepasst werden.

Gründe für den Klimawandel in Afrika sieht ADAMS ET. AL. (2003: 100f.) z.B. darin, dass Regenanomalien im Sahel zum großen Teil mit Variationen der „SST – Sea Surface Temperature" zusammenhängen. Negative Niederschlagsanomalien im Sahel entstehen bei wärmeren südlichen Ozeanen (Indik) und kühleren nördlichen Ozeanen. Eine stärkerwerdende thermohaline Zirkulation könnte die relative Erwärmung der südlichen Ozeane zu den Nördlichen auslösen. Eine veränderte Atmosphärenzusammensetzung und steigender Treibhauseffekt erzeugen das „Global warming", damit eine höhere Evaporation und höhere Niederschläge. Die beobachteten Niederschläge in den letzten 60 Jahren in Afrika können aber mit noch keinem General Circulation Modell für steigendes CO2 erklärt werden (ADAMS ET. AL. 2003: 100f.). Einer Hypothese zufolge könnte die **globale Abkühlung** in den Mittelbreiten der Nordhemisphäre für Dürren im Sahel verantwortlich sein, wonach die steigenden Temperaturdifferenzen zwischen dem Äquator und den Polen Westwinde verstärken könnte, welche die regenbringenden Winde in der Region verhindern. Andere Studien zeigen jedoch, dass die regionale Verteilung von feuchten und trockenen Perioden doch zufällig auftritt. Nichtsdestotrotz kann man weder das zufällige Muster von Starkregenereignissen während der Trockenzeit, noch das Fehlen einer ausreichend weiten Wanderung der ITCZ nach Norden im Frühsommer, bestreiten (ALEXANDER 1993: 150).

## 5.3    Die Vegetation im Sahel

Die Natürliche Vegetation des Sahel ist die Dornbuschsavanne bis zur dichteren Trockensavanne. Diese Vegetation ist aber stark anthropogen gelichtet durch Rodung und Wanderfeldbau (MENSCHING, 1981). Bereits seit dem Neolithikum wurde der Sahel durch den Menschen in Kulturland umgewandelt. Eine natürliche Vegetation bzw. eine natürliche Vegetationsstruktur ist daher praktisch nicht mehr vorhanden. Strukturelle Veränderungen der Vegetation sind dabei fast immer mit Degradation gleich zu setzen. 1975 wurde aus dem Vergleich von Vegetations- und Klimakarten von 1950 mit aktuellen die falsche Schlussfolgerung gezogen, dass der Wüstenrand im Sudan jährlich um etwa 5,5 km nach Süden vordringt. Tatsächlich geht dieser Vorgang viel langsamer vor sich. Der Grund dafür liegt in der Ausbreitung von *Calotropis procera*, einer giftigen, für Tiere ungenießbaren, holzigen Pflanze durch intensive Beweidung, was lediglich eine qualitative Veränderung der Weideflächen bedeutet (BRECKLE ET.AL., 2006).

## 5.4    Ursachen und Folgen von Desertifikation im Sahel

Theoretisch besteht im Sahel nur ein geringes Desertifikationsrisiko. Der Grund dafür ist, dass in extrem ariden Gebieten, was vielleicht zunächst unlogisch erscheint, eine ohnehin nur sehr geringe natürliche Produktivität dieser Regionen vorliegt (MIDDLETON 1991: 12).

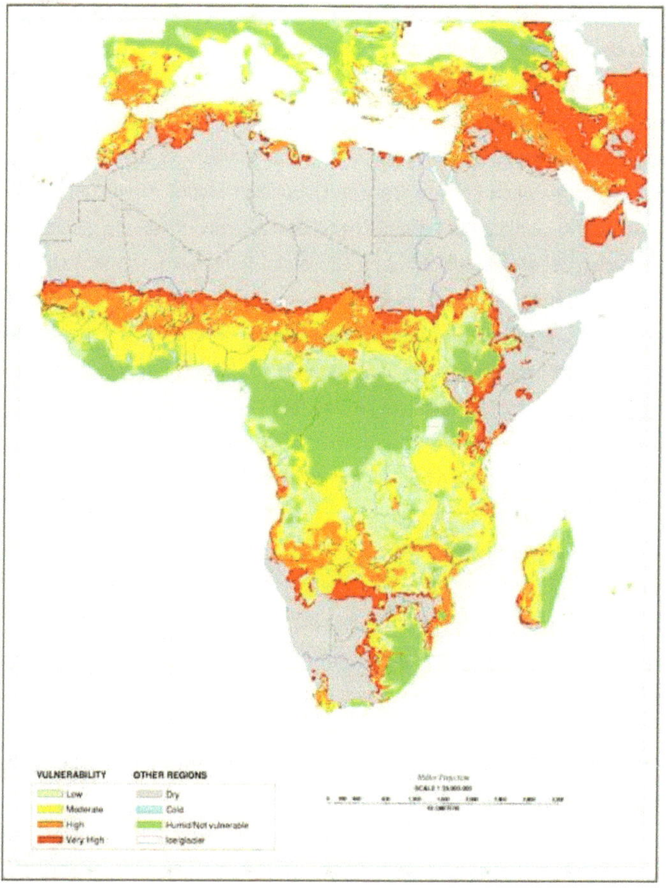


Abb. 8: Desertifikationsgefährdung in Afrika
(http://soils.usda.gov/use/worldsoils/papers/desertification- africa.html;
09.10.2007)

Die Bedeutung eines Kriteriums der Desertifikation ist jedoch abhängig von der Nutzung des jeweiligen Areals. So ist der Hauptfaktor auf Weideland die Zerstörung der Vegetationsbedeckung, auf Regenfeldbaugebieten die Bodenerosion und auf bewässertem Land die Versalzung (MIDDLETON 1991: 12). In den letzten Dekaden vollzog sich mit einer offenen Beweidung eine extreme Überweidung in deren Folge sich die Weidenvegetation deutlich negativ in ihrer Qualität und Quantität veränderte (MENSCHING; 1993). Überweidung entsteht durch die Überschreitung der Tragfähigkeit einer Fläche, was dann der Vegetation, dem Boden und der auch der Gesundheit der Tiere selbst schadet. Tragfähigkeit meint hier die Ernährung einer gewissen Zahl von Tieren durch eine Weidefläche, ohne dabei an Qualität zu verlieren. Der Verlust an Qualität und Quantität der Vegetation aufgrund von Überweidung entsteht mit der Denudation der Böden und der Veränderung der Artenzusammensetzung weg von, für die Tiere genießbaren Pflanzen, hin zu dürreresistenten Arten, die oft ungenießbar sind und nur in geringem Maße den Boden stabilisieren können. Mit ihren Hufen zerstören die Tiere selbst die Bodenstruktur und verdichten die Oberfläche, was die Erosion durch Wind und Starkregen begünstigt (MIDDLETON 1991: 15).

### 5.4.1 Ursachen

#### 5.4.1.1 Klimatisch/Natürlich bedingte Ursachen

Zum einen existieren klimatische, als mehr oder weniger natürliche, Ursachen der Desertifikation. Jede Klimaschwankung in Richtung einer Aridifizierung lässt die natürlichen Ränder der Wüsten weiter vorrücken – das so genannte „desert encroachment". Die hohe Aridität spielt hier eine übergeordnete Rolle vor allem für die natürliche Pflanzendecke in Steppen und Savannen, genauso aber auch für die Wachstumsperioden von Kulturpflanzen und deren Produktivität. Wichtig ist zudem, gerade im Sahel, die schon angesprochene hohe Niederschlagsvariabilität, welche im jährlichen Mittel durchaus 20-30% beträgt. Ebenso gehören gewisse Dürren und Dürreperioden zum normalen Klimageschehen der Trockengebiete. Über die großen Dürren im gesamten Sahel hinaus gab es noch weitere, räumlich und zeitlich enger begrenzte Dürren (MENSCHING 1990: 28ff.). Mit geringerer Vegetation wird die Erosion verstärkt, äolisch in Trockenzeiten und fluvial bei Starkniederschlägen (MENSCHING, 1981).

## 5.4.1.2 Ackerbaulich bedingte Ursachen

Den weitaus größeren Teil der Ursachen machen anthropogene Ursachen aus. Ökologisch nicht angepasster Ackerbau – heißt hier, dass Ackerbau weit jenseits der klimatisch-agronomischen Trockengrenze, in Gebieten mit erheblichem Desertifikationsrisiko betrieben wird. Dazu wird Gerodet, was vor allem in Trockenjahren eine enorme äolische Erosion zur Folge hat. Dadurch verschlechtert sich die Bodenqualität sukzessive immer weiter bis hin zur Desertifikation. Erosionsfördend  wirkt dabei ein großflächiger Ackerbau bei dem keine vegetativen Schutzstreifen mehr erhalten bleiben und auch keine bewachsenen Erdwälle mehr erhalten oder angelegt werden(MENSCHING 1990: 42ff.). Aufgrund von tief greifender Wurzelzerstörung mit Hackbau kann erneute Sandwanderung ausgelöst werden, besonders im Zusammenhang mit Dürrezeiten (MENSCHING, 1981). Versalzung durch Bewässerungsfeldbau führt ebenso zur Desertifikation, denn eine Salzanreicherung im Oberboden findet statt, wenn mehr Ionen zugeführt werden als durch Pflanzen und Auswaschung entzogen werden. Das Wasser für die Bewässerung wird aus Stauwerken, Tiefbrunnen, aus natürlichen Flüssen oder aus traditionellen Brunnen in Wadis gewonnen. Bei der hohen Verdunstungsrate im ariden Klima kann bereits mit nur gering salzhaltigem Wasser eine Versalzung erfolgen. Zusätzlich wird oft infolge der Bewässerung der Grundwasserspiegel so stark angehoben, dass er im Bereich des Kapillarsaums liegt und nach der Verdunstung des angesogenen Wassers an der Oberfläche die enthaltenen Salze im Oberboden angereichert werden. Die Verwendung von zu salzhaltigem Wasser und mangelnder Durchspülung der wirken als Faktoren zusammen. Mit der ständigen Salzanreicherung im Boden entstehen Salzausblühungen an der Oberfläche (MENSCHING 1990: 42ff.). Eine weitere Ursache für Desertifikation ist Überkultivierung, vor allem für die Produktion von „cash crops", weil sich ein sozioökonomischer Wechsel von Subsistenzwirtschaft hin zu kommerzieller (Land-) Wirtschaft im Sahel vollzieht (KASSAS; 1995 & MIDDLETON 1991: 16ff.). Mit der Einbindung in den internnationalen Markt sinkt der Wert der ländlichen Produkte und es eskalieren Preise für Bedarfsgüter der ländlichen Bevölkerung. Die stattfindende Agrarlandexpansion für die Produktion von Cash Crops, ruft Konflikte in der Land- und Wassernutzung hervor (KASSAS; 1995). Insgesamt bringt der Versuch trotz geringen Wasserangebots Nahrungsmittel zu produzieren Schäden für das Ökosystem und damit Desertifikation (LAMPING, 1995: 190ff.).

## 5.4.1.3 Viehhaltungsbedingte Ursachen

Es erfolgt eine permanente selektive und Übernutzung der mittleren Tragekapazität per Überweidung (Berechnet nach der mittleren Krautbiomasseproduktion), d.h. der Tierbesatz ist zu hoch für die genutzte Fläche (BRECKLE ET.AL., 2006 & MENSCHING 1990: 42ff.). Ein Grund dafür ist die Verringerung der Weideflächen infolge des Vorrückenden Ackerbaus und damit der Erhöhung der Viehbesatzdichte. Kontrollierte Beweidung mit Rotation der Weideflächen, um Regeneration zu gewährleisten fehlt genauso wie großräumige Landnutzungspläne (MENSCHING 1990: 42ff.).

### 5.4.1.4    Siedlungs-/ Bevölkerungsbedingte Ursachen

Um Siedlungen findet eine besonders intensive Übernutzung in jeder Hinsicht statt, was eine extreme Desertifikation bewirkt (MENSCHING 1990: 48f.). Die besondere Desertifikationgefährdung finden wir nicht in den dünn besiedelten Randbereichen der Wüsten, sondern dort wo die Niederschläge bereits eine intensive Anbautätigkeit zulassen, was zu einer ökologischen Überbeanspruchung führt und sich demzufolge die Bevölkerung stärker konzentriert. Damit entstehen in größeren Risikozonen ausgedehnte Flächen mit Wüstenähnlichen Bedingungen (MENSCHING 1990: 28ff.). Hinzu kommen Abholzungen für Brennholz, Baumaterial und Naturzäune, welche sich als Zerstörungsringe der Savanne um Siedlungen herum darstellen (MENSCHING, 1981). Anhand von Luftbildzeitreihen lässt sich die Vegetationsdegradation, vor allem im Umkreis von Siedlungen, Wasserstellen und temporären Seen gut nachweisen. Folglich ist der Bevölkerungs- und Nutzungsdruck, welcher zum großen Teil aus der zunehmenden Sesshaftwerdung resultiert, ein ganz entscheidendes Problem (BRECKLE ET.AL., 2006). Bevölkerungsdruck auf betroffene Gebiete entsteht unter Anderem auch durch nicht mehr vorhandene Möglichkeiten zu nomadischem Ausweichverhalten aufgrund der Bildung postkolonialistischer souveräner Staaten in Afrika (LAMPING, 1995: 190ff.).

Von der lokalen Bevölkerung werden die schlechten Niederschlagsbedingungen der letzten 25-35 Jahre als Ursache der Desertifikation gesehen, jedoch korreliert die Intensität der Beweidung mit dem Grad der Degradation. Demnach verstärkt die Beweidung die Effekte des trockenen Klimas. Eine Quantifizierung des Beweidungsdrucks ist allerdings schwierig (BRECKLE ET.AL., 2006).

### 5.4.2    Folgen

Infolge abnehmender Bodenfruchtbarkeit werden Feldflächen immer weiter in ungeeignete Bereiche ausgedehnt. Das pflanzliche Artenspektrum verschiebt sich hin zu ungenießbaren, weideresistenten Arten (BRECKLE ET.AL., 2006). Mit der Desertifikation setzt eine starke Versandung ein und die Dünenbildung wird beschleunigt, insbesondere wegen der Vernichtung der Vegetation, die den Sand zurückgehalten hatte (MENSCHING, 1993). In West

Butana z.B. hat die unkontrollierte Nutzung der natürlichen Resourcen in erheblichem Maße zu einer solchen Verdrängung der wünschenswerten Pflanzendecke und zu einer Ausbreitung von ungenießbaren oder giftigen Pflanzen geführt (AKHTAR, ET.AL., 1995). Diskontinuierliche Vegetation schützt weniger gut vor Erosion und Viehtritt lockert den Boden zusätzlich auf. Im Ergebnis entstehen Ablationsflächen. Es kommt zu einer verstärkten Mobilität im Altdünengürtel. Fixierte Dünen werden reaktiviert, Spülrinnen sowie Gullies entstehen (BRECKLE ET.AL., 2006 & MENSCHING, 1981). Ebenso gilt die Entstehung von Nebkas als Indikator für fortgeschrittene Desertifikation (BRECKLE ET.AL., 2006).
Gesellschaftliche Konsequenzen von Desertifikation sind z.B. Migrationsbewegungen aus den betroffenen Gebieten, weil Ernteausfälle, Mangel an Viehbeständen und Weiden sowie Trinkwasserprobleme zu Hungerkatastrophen führen (LAMPING, 1995: 190ff. & MIDDLETON 1991: 23f.). Bei fortgeschrittener Degradation garantieren humide Jahre nicht automatisch die Regeneration aufgebrauchter Resourcen (Grundwasser, Vegetation) (AKHTAR, ET.AL., 1995).

## 6.    Rückkopplungsprozesse

Es entstehen verschiedene Rückkopplungsmechanismen mit Erhaltungswirkung, wie z.B. dem Verlust von Vegetation. Beispielsweise durch Überweidung an den Wüstenrändern, verursacht eine ansteigende Albedo und eine biophysikalische Rückkopplung, die Niederschläge verringert, den atmosphärischen Staubanteil erhöht und die Wüstenausbreitung beschleunigt. Mit der Denudation des Bodens steigt die Albedo, die Absorption sinkt und die untere Atmosphäre wird kühlerdaraus resultierende geringere Temperaturunterschiede verursachen geringere Konvektion, somit weniger Wolkenbildung und damit Regen. Sie ist daher indirekt für das Pflanzenwachstum verantwortlich (ALEXANDER 1993: 259). Genau so gehen KLAUS (1981: 104f.) & MIDDLETON (1991: 25.), bei einer erhöhten Albedo davon aus, dass von einer denudierten und damit helleren Oberfläche mehr Strahlung reflektiert wird, was eine Abkühlung dieser und zugleich der bodennahen Luftschichten zur Folge hat. Somit steigt weniger Luft auf, was aber für die Bildung von Wolken und Regen notwendig ist (KLAUS 1981: 104f. & MIDDLETON 1991: 25.).Die erhöhte Albedo, durch einen solchen Vegetationsverlust und der damit verbundenen geringeren Rauhigkeit der Oberfläche verbunden ist, hat eine niedrigere Feuchtigkeitskonvergenz zur Folge weshalb regionale Niederschläge geringer ausfallen. Da aber nur ein sehr geringer Teil des sahelischen Regens durch lokale Transpiration entsteht, ist dies im Sahel nur von untergeordneter Bedeutung meinen ADAMS ET. AL. (2003: 100f.) dazu. Die Aussagen und vor allem auch die Wertungen dieses Phänomens zeigen sich bei den verschiedenen Autoren also durchaus differenziert.

Die Staubhypothese besagt, dass sich als Folge äolischer Erosion auf vegetationsdegradierten Flächen die Aerosolkonzentration in der unteren und mittleren Troposphäre erhöht, was eine abkühlende Wirkung in der unteren Troposphäre mit sich bringt. Aufgrund dieser Energieverluste verstärkt sich die Absinkbewegung im Bereich der subtropischen Hochdruckzone. Somit erhöht sich die vertikale Neigung der kontinentalen ITCZ und zugleich verringert sich die Mächtigkeit der monsunalen Luftmassen. Insgesamt werden so die niederschlagsgenerierenden Prozesse innerhalb der ITCZ abgeschwächt (KLAUS 1981: 103f.). Etwas anders wird die Rückkopplung, welche zusammen mit atmosphärischem Staub besteht, der an denudierten Oberflächen ausgeblasen wird, von MIDDLETON (1991: 25f.) gesehen. Der Grund für diese Rückkopplung liegt demnach darin, dass staub erfüllte Luftschichten zur Stabilität neigt wobei jedoch eine gewisse Instabilität von Nöten ist um konvektive Niederschlagszellen zu erzeugen.

Weiterhin gibt es eine so genannte Bodenwasserhypothese nach der sich ausgedörrte Böden wesentlich stärker als feuchte erwärmen. Diese erzeugen so flache Hitzetiefs. Eine intensive konvektive Wolken- und Niederschlagsbildung wird somit gestört. Das bedeutet, dass ergiebige Niederschläge zu Beginn der Regenzeit auch intensive Niederschläge in ihrem weiteren Verlauf teilweise auch im nächsten Jahr nach sich ziehen. Folglich läuft dieser Prozess bei nur geringen Niederschlägen zu Beginn der Regenzeit umgekehrt ab (KLAUS 1981: 105.). ADAMS ET. AL. (2003 100f.) beschreiben diese Hypothese ganz ähnlich. Jedoch wird bei ihnen davon ausgegangen, dass dies nicht für den Sahel gilt, weil bei einer so deutlichen Saisonalität der Regenfälle die Feuchtigkeitssaisons hinsichtlich der Bodenfeuchte voneinander entkoppelt sind.

Die organische Eisnukleihhypothese konnte zwar nur bei KLAUS (1981: 105f.) gefunden, soll hier aber dennoch kurz erläutert werden. Eisnukleihe sind organische Kerne, die bereits bei ca. -8 °C die Eisphase in der Wolkenbildung einleite n, was mit anorganischen Kernen erst bei etwa 10 K tieferen Temperaturen erfolgt. Daher sind diese organischen Eisnukleih für die Entstehung niederschlagsträchtiger Wolkenformationen in heißen Gebieten wie der Sahelzone unbedingt notwendig. Nach dieser Hypothese wird als Folge von Überweidung und Vegetationsdegradation der Anteil der organischen Kerne in der Luft, und somit die Wolkenbildung im Sahel reduziert.

## 7.    Mögliche Gegenmaßnahmen

Es wurde 1978 der so genannte „UN Plan of Action to Combat Desertification" entwickelt. Unter den Zielvorgaben, der Wiederherstellung von 100% der Produktivität des bewässerten Agrarlandes, 70% des betroffenen Regenfeldbaulandes und 50% der betroffenen Weideflächen, würden entsprechende Maßnahmen 2,4 Mrd. US $ jährlich über 20 Jahre hinweg kosten (TOLBA, 1986). Mögliche Gegenmaßnahmen sind nach diesem Plan:

- Weideflächen zu vermindern
- Die Stabilisierung von Sanddünen
- Die Kontrolle von Regen- und Bewässerungsfeldbau
- Das Anlegen großräumiger „grüner Bänder"
- Das Einführen von Boden- und Wasserschutzsystemen in einem Ressourcenmanagement (TOLBA, 1986; MOSTAFA KAMAL TOLBA war zu dieser Zeit ausführender Direktor des UNEP in Nairobi/Kenia).

All diese Maßnahmen sind relativ Kostenintensiv, im Vergleich zu einem Vorschlag von MENSCHING (1993), weil sie gesonderten Aufwand für das Anlegen von Schutzsystemen oder zur Überwachung erfordern. In vielen Teilen der Butana Region, als Beispiel, hält MENSCHING (1993) die Degradation für noch reversibel, wenn die Nutzung den Weiden und Wasserstellen von einem organisierten Flächennutzungssystem gesteuert wird. Dazu könnte man einem dominierenden Stamm im jeweiligen Gebiet die Rechte über bestimmte Weideflächen und Wasserstellen überlassen, der diese dann selbst kontrolliert. Andere Gebiete außerhalb deren Reichweite könnten sich dann regenerieren. Weitere Anpassungs- bzw. Bekämpfungsmaßnahmen sind z.B.: „shifting cultivation" und Weiderotation (MENSCHING, 1991).

Im Regenfeldbau können:

- eine Landnutzungsplanung, die einen Grenzsaum für den Anbau festlegt, davon Weideareale abgrenzt und Siedlungsstandorte vorplant mit Orientierung an der argonomischen Trockengrenze;
- einfache Erdwälle gegen Erosion durch Oberflächenwasser;
- vegetative Schutzmaßnahamen, wie Streifen natürliche Strauch- und Grassvegetation oder sogar Baumstreifen, gegen äolische Erosion; durchaus sinnvoll sein (MENSCHING 1990: 102).

Bei der Bewässerung mit Oberflächenwasser sollte mit „water harvesting", d.h. Hangwasser wird mit kleinen Wällen und Terrassen gesammelt und gezielt Nutzflächen zugeführt werden.

Die Erträge auf diesen Flächen können damit vervielfacht werden und gleichzeitig schützen die Wälle und Terrassen im Sammelgebiet vor der Erosion am Hang (MENSCHING 1990: 102f.).

Allgemein im Bewässerungsfeldbau gilt:
- Schlichte Überflutung der Kulturpflanzen sollte durch Beregnung oder Tropfenbewässerung (Drip irrigation) ersetzt werden um die Verdunstungsmenge zu reduzieren und das Wasser besser zu verteilen.
- Eine Abstimmung vom Bedarf bestimmter Kulturpflanzen muss auf die jeweiligen Bodenparameter abgestimmt werden.
- Cracking soils könnten mithilfe von Bodenaufbereitung, z.B.: der Zugabe von Sandböden zu Tonböden, vermindert werden (MENSCHING 1990: 108).

Für Weideland werden als Maßnahmen benannt:
- Mit der Erstellung und Anwendung von Karten für eine Nutzungsplanung, welche die Tragfähigkeit der einzelnen Areale unter Berücksichtigung möglichst vieler Einflussfaktoren (Boden, Klima, Futterbedarf der Tierarten, Degradationsgrad der Weiden, u.s.w.) darstellen, kann eine Überweidung deutlich eingeschränkt werden.
- Die Förderung nomadischer Weidewirtschaft kann ein effektives und damit auch modernes Mittel zur Desertifikationsbekämpfung sein (MENSCHING 1990: 120 ff.).

Zur Forstwirtschaft heißt es:
- Bei der Auswahl neu anzupflanzender Pflanzenarten sollten Dürre- und Salzresistenz dieser beachtet werden. Ebenso wie die Nutzungsmöglichkeit als Baumweide gegeben sein sollte.
- Besonders im Einzugsbereich von Siedlungen sind schnellwachsende, für Brennholz und Holzkohleerzeugung geeignete Arten für Aufforstungen zu wählen. Dabei ist auf geregelte Bedingungen bei der Gewinnung, dem Transport und der Vermarktung zu achten (MENSCHING 1990: 127ff.).

Im Rahmen aller Maßnahmen zur Bekämpfung der Desertifikation sind jedoch allgemeine Bildung sowie die Ausbildung von Fachkräften aus der Bevölkerung unerlässlich (MENSCHING 1990: 129)!

## 8.  Fazit

Desertifikation und Dürre treten im Unterschied zu anderen Naturkatastrophen nur langsam aber lang anhaltend auf. Ein relativ gutes Anpassen und Ausweichen möglicherweise auch mit ursprünglichen Verhaltens-/ Lebensweisen, die sich langfristig herausgebildet und bewährt haben, wie z.B. Nomadismus und Halbnomadismus ist daher möglich.

Mehrjährige Dürren können in Abhängigkeit von der Bevölkerungsdichte, dem Migrationsverhalten der betroffenen Bevölkerung, dem System der Landnutzung und der Wasserversorgung betrachtet werden (LAMPING, 1995: 190ff.). Desertifikation ist ein Aspekt ökologischer Degradation, der die Fähigkeit der Welt, sich selbst zu ernähren, untergräbt. Davon sind ca. 20% de Weltbevölkerung direkt bedroht (TOLBA, 1986). Auswirkungen davon sind: Degradation der Pflanzendecke und der Böden, Absenkung des Grundwasserspiegels, Verschiebung des Mikroklimas und Intensivierung der Erosion (STÜBEN & THURN, 1991). Eine Selektive Veränderung der Artenzusammensetzung hin zu für Tiere ungenießbaren Pflanzen, was die Beweidung immer größerer Flächen zur Folge hat, kommt hinzu (MENSCHING, 1981). Die Interaktion von klimatischer Aridifizierung und Übernutzung der natürlichen Ressourcen beschleunigt natürliche Erosionsprozesse extrem bis hin zur Bildung von Dünen und Badlands (MENSCHING, 1993). Direkte Ursachen dafür sind: intensive, nicht angepasste Landwirtschaft, das Anlegen von Tiefbrunnen, Überweidung, Versalzung der Böden durch eine falsche Bewässerungswirtschaft und Brennholzeinschlag (KASSAS, 1995; STÜBEN & THURN, 1991). Dahinter steht eine exzessive anthropogene Übernutzung der natürlichen Tragekapazität der Naturressourcen angetrieben von zunehmendem Bevölkerungs- und damit auch Nutzungsdruck (KASSAS; 1995). Insgesamt sieht MENSCHING, (1991) das entscheidende Problem darin, dass sich das Ökologische Potential solcher Regionen, wie dem Sahel, nicht annähernd im Gleichgewicht zur Bevölkerungszahl und damit zum Nutzungsdruck befindet! Impulse von außen zur Stabilisierung der Degradation und der Einführung von Desertifikationsmonitoring sowie ökologischen Landnutzungssystemen sind unbedingt notwendig (AKHTAR, ET.AL., 1995).

# 9. Literaturliste


ADAMS, W.M.; GOUDIE, A.S.; ORME, A.R. (2003): The Physical Geography of Africa. 429 S., New York.

AGNEW, C. (2002): Drought, Desertification and Desiccation: The Need for further Analysis. – Geography, Jg. 87(3), S. 256-267; Sheffield.

AGNEW, C.T. & CHAPPELL, A. (1999): Drought in the Sahel. – GeoJournal, Jg. 48, S. 299 – 311; Dordrecht (NL).

AKHTAR, M.; MEISSNER, B.; MENSCHING, H.G. (1995): Causes and effects of land degradation and desertification in the Republic of Sudan. – Würzburger Geographische Manuskripte, Jg. 35, S. 76 – 80; Würzburg.

ALEXANDER, D. (1993): Natural Disasters. – 632 S.; London.

BOHLE, H. - G. in PLATE, E. J.; MERZ, B. Hrsg.(2001): Naturkatastrophen: Ursachen, Auswirkungen, Vorsorge. - 475 S.; Stuttgart.

BRECKLE, S.W., MÜLLER, J.V., VESTE, M., WUCHERER, W. (2006): Desertifikation und ihre Bekämpfung – Eine Herausforderung an die Wissenschaft. – Naturwissenschaftliche Rundschau, Jg. 59, S. 585 – 593; Stuttgart.

HÄCKEL, H. (2005): Meteorologie. – 447 S.; Stuttgart.

HAMMER, T. (2001): Desertifikationsbekämpfung im Rahmen von Entwicklungsprojekten – Eine Evaluation von Erfahrungen im Westafrikanischen Sahel. – Standort, Jg. 25, S. 20 – 28; Bonn.

KASSAS, M. (1995): Desertification: a general review. – Journal of Arid Environments, Jg. 30, S. 115 – 128; Dordrecht (NL).

KLAUS, D. (1986): Desertifikation im Sahel – ökologische und sozialökonomische Konsequenzen. Geographische Rundschau, Jg. 38, S. 577 – 583; Braunschweig.

KUNSTMANN, H. (2007): Regionale Auswirkungen der Klimaänderung auf die Wasserverfügbarkeit in Klimaintensiven Gebieten. – In: ENDLICHER, W.;

GERSTENGARBE, F.-W.: Der Klimawandel – Einblicke, Rückblicke und Ausblicke. S. 67 – 74; Potsdam.

LAMPING, G.; LAMPING, H. (1995): Naturkatastrophen – Spielt die Natur verückt? – 224 S.; Berlin.

MENSCHING, H.G. (1981): Nomaden und Ackerbauern im westafrikanischen Sahel – Probleme konkurrierender Landnutzung. – Leben am Rande der Sahara – Eine Herausforderung an die Entwicklungspolitik, S. 22 – 37; Köln.

MENSCHING, H.G. (1990): Desertifikation: Ein weltweites Problem der ökologischen Verwüstung in Trockengebieten der Erde. – 170 S.; Darmstadt.

MENSCHING, H.G. (1991): Menschen machen Wüsten – Die Ursachen der Weltweiten Desertifikation. – In: STÜBEN, P.E.; THURN, V. (HRSG.): Wüsten-Erde: der Kampf gegen Durst , Dürre und Desertifikation. – S. 139 – 145; Gießen.

MENSCHING, H.G. (1993): Desertification in the Butana. - GeoJournal, Jg. 31, S. 41 – 50; Dordrecht (NL).

MENSCHING, H.G. (2001): (Landschafts-) Degradation – Desertifikation: Erscheinungsformen, Entwicklung und Bekämpfung eines globalen Umweltsyndroms. Petermanns Geographische Mitteilungen, Jg. 145, S. 6 – 15, Gotha.

MIDDLETON, N. (1991): Desertification. – 48 S.; Oxford.

SCHÖNWIESE, C.-D. (1994): Klimatologie. – 436 S.; Stuttgart.

STÜBEN, P.E.; THURN, V. (1991): Die Wälder sind der Menschheit vorausgegangen, die Wüsten folgen ihr. – In: STÜBEN, P.E.; THURN, V. (HRSG.): Wüsten-Erde: der Kampf gegen Durst , Dürre und Desertifikation. – S. 16-28; Gießen.

TOLBA, M.K. (1986): Desertification in Africa. – Land use Pilicy, S. 260-268; Belfast.

**Internet-Seiten**

http://soils.usda.gov/use/worldsoils/papers/desertification-africa.html; 09.10.2007

http://www.wbgu.de/wbgu_jg2007_kurz.html; 12.10.2007

http://sealevel.jpl.nasa.gov/overview/images/6-cell-model.jpg; 24.11.2007

http://www.hamburger-bildungsserver.de/klima/klimafolgen/extreme/extreme-140a.gif;
24.11.2007